U0189547

屁、烟雾和汽车尾气

［英］海伦·格雷特黑德 著
［英］凯尔·贝克特 绘
王凡 译

科学普及出版社
·北 京·

图书在版编目（CIP）数据

它们去哪儿了？. 屁、烟雾和汽车尾气 /（英）海伦·格雷特黑德著；（英）凯尔·贝克特绘；王凡译 . 北京：科学普及出版社，2025. 2. -- ISBN 978-7-110-10898-7

Ⅰ. X-49

中国国家版本馆 CIP 数据核字第 2024C9G817 号

Where Does It Go?: Farts, Fumes and Other Gases
First published in Great Britain in 2023 by Wayland

Text by Helen Greathead
Illustration by Kyle Beckett

北京市版权局著作权合同登记　图字：01-2024-5532

策划编辑：李世梅　边二华　　**责任校对：**邓雪梅
责任编辑：边二华　王一琳　　**责任印制：**李晓霖
封面设计：怪奇动力　　**版式设计：**蚂蚁文化

出版：科学普及出版社　　**邮编：**100081
发行：中国科学技术出版社有限公司　　**发行电话：**010-62173865
地址：北京市海淀区中关村南大街 16 号　　**传真：**010-62173081
网址：http://www.cspbooks.com.cn

开本：787 mm × 1092 mm　1/12
印张：12　　**字数：**200 千字
版次：2025 年 2 月第 1 版　　**印次：**2025 年 2 月第 1 次印刷
印刷：北京博海升彩色印刷有限公司

书号：ISBN 978-7-110-10898-7 / X · 78　　**定价：**168.00元（全4册）

目录

什么是气体？

气体一直都在我们身边。有些气体没有颜色、气味，我们很难察觉到它们；有些气体却有颜色、气味，比如有些屁里的气体闻起来臭臭的。气体是什么？它们会去往哪里呢？让我们一起来探索吧！

大多数物质是由肉眼看不到的微小分子组成的。固体中的分子有规律地排列着，如下图所示。

液体中的分子可以移动，但位置相对固定，如下图所示。

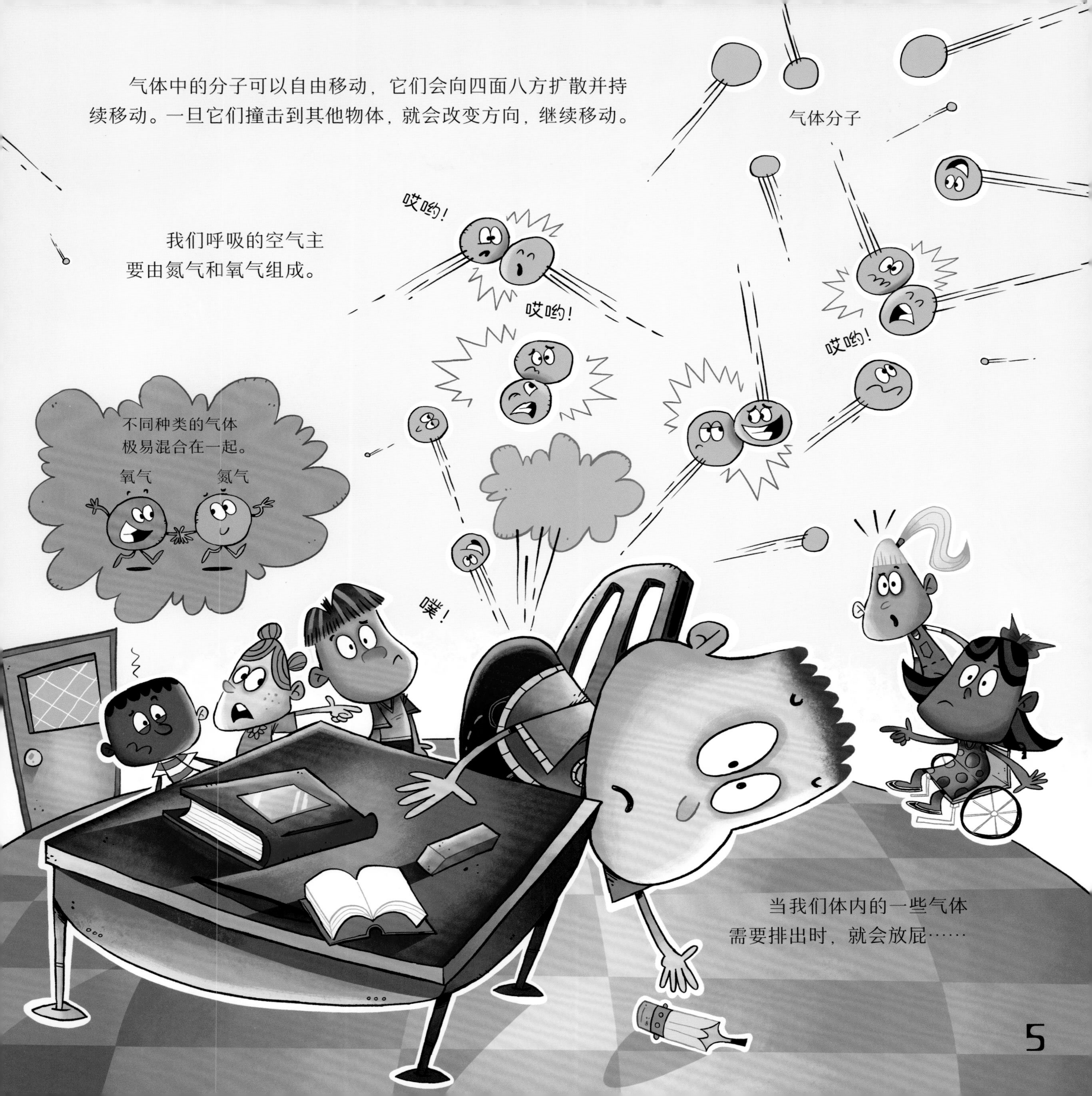
气体中的分子可以自由移动，它们会向四面八方扩散并持续移动。一旦它们撞击到其他物体，就会改变方向，继续移动。
气体分子
哎哟！
哎哟！
哎哟！
我们呼吸的空气主要由氮气和氧气组成。
不同种类的气体极易混合在一起。
氧气
氮气
噗！
当我们体内的一些气体需要排出时，就会放屁……

屁是一种特殊气体

噗！是你吗？别难为情，每个人都会放屁。屁是由于气体在体内累积而产生的。

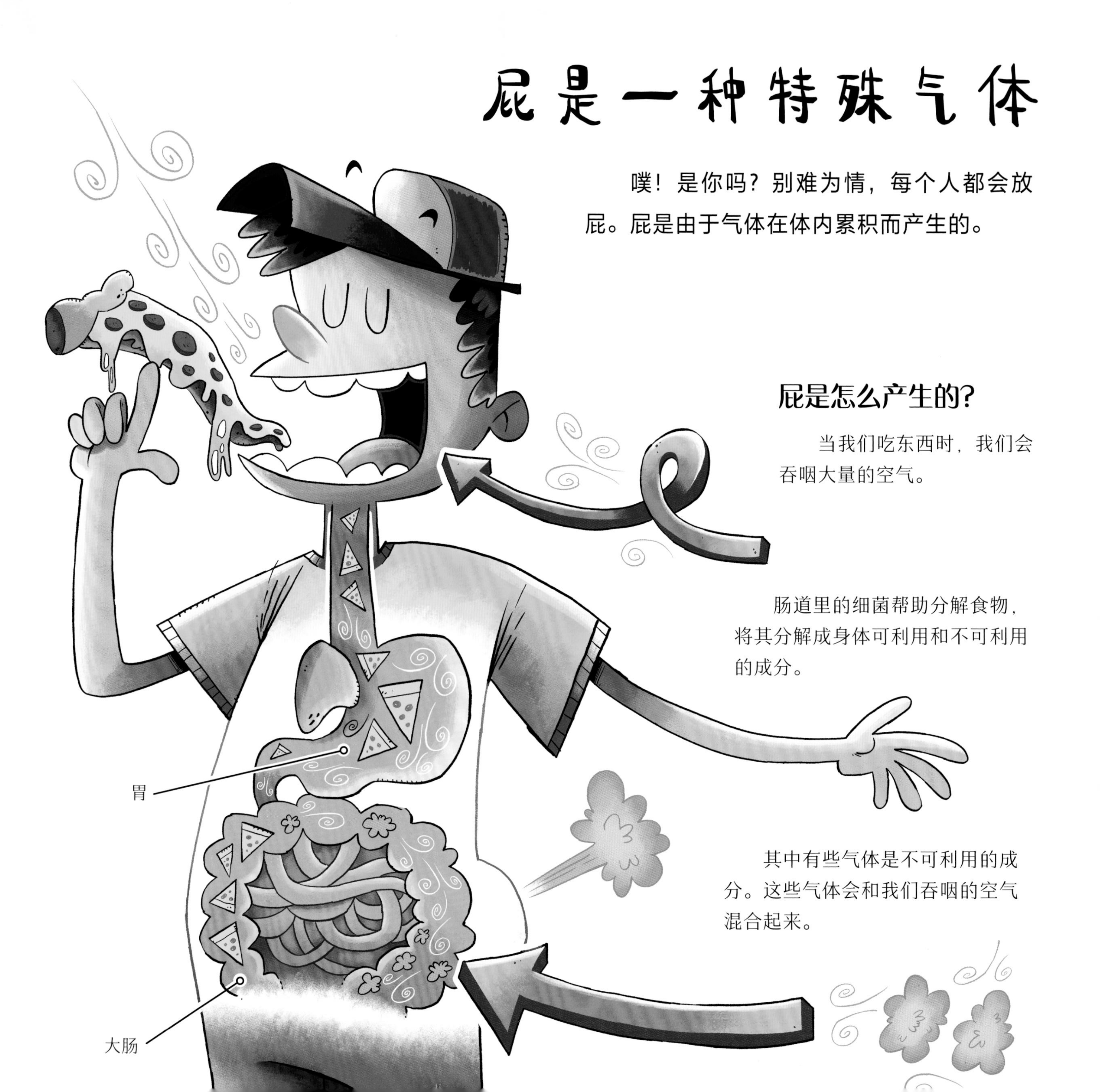

屁是怎么产生的?

当我们吃东西时，我们会吞咽大量的空气。

肠道里的细菌帮助分解食物，将其分解成身体可利用和不可利用的成分。

其中有些气体是不可利用的成分。这些气体会和我们吞咽的空气混合起来。

当身体不需要这些气体时，就会通过肛门将这些气体排出，速度可达**11 千米每小时**，这个速度比成年人步行还要快呢！

屁里有什么？

二氧化碳、氢气，有时还包括甲烷。

1% 的硫化氢——这种气体让屁闻起来臭臭的。

33%

66%

来自空气中的氮气和氧气。

一天要放多少次屁？

澳大利亚科学家发现：

- 女性每天放屁次数为 **1-32 次**
- 男性每天放屁次数为 **2-53 次**
- 男性放的屁更臭！

你知道吗？
屁的科学名称是肠道气体。

那是什么味道？

当我们食用了豆类食品后，摄入了大量的蛋白质和纤维，就容易放屁。豆类食品中的纤维有助于肠道蠕动，但是这些纤维不易消化。那么，豆类食品是如何让人体产生屁的呢？

胃

小肠

肛门

结肠

细菌消化豆类纤维

结肠壁

消化过程中产生的气体

结肠中的细菌以豆类纤维为食，分解过程中会产生气体。大多数豆类食品含有蛋白质和糖，这些物质在分解的过程中也会产生气体。这就是吃豆类食品容易放屁的原因。

导致屁难闻的食物：

气泡屁

碳酸饮料中含有二氧化碳形成的气泡。这些气泡会在肠道中积聚，然后以打嗝或放屁的形式排出。

气泡在到达结肠前以打嗝形式排出，到达结肠后则以放屁形式排出。

少放屁妙招：

 多喝水，少喝碳酸饮料。

 不要边喝边活动。

 慢慢喝。

臭气熏天的野生动植物

不仅人类会放屁，动物和植物也会放“屁”。有些动植物甚至能利用它们的“屁”……

昆虫放“屁”

鳞蛉会在白蚁巢中产卵。当鳞蛉幼虫孵化出来，感觉到饥饿时，它们会放出含有麻醉物质的“屁”，这种“屁”能够一次熏晕几只白蚁。然后它们就会吃掉这些白蚁！

植物放“屁”

一些含羞草的根部布满了小囊。当人类或动物触摸其根部时，这些小囊会放出一种类似臭鸡蛋味的“屁”。科学家认为这些植物放的“屁”是用来抵御捕食者的。

鱼也会放“屁”

20 世纪 90 年代，瑞典海军在海洋中听到了奇怪的嘶嘶声和爆裂声，怀疑这些声音是敌方潜艇在秘密工作时发出的。科学家们后来发现，这些声音实际上是鲱鱼的放“屁”声！

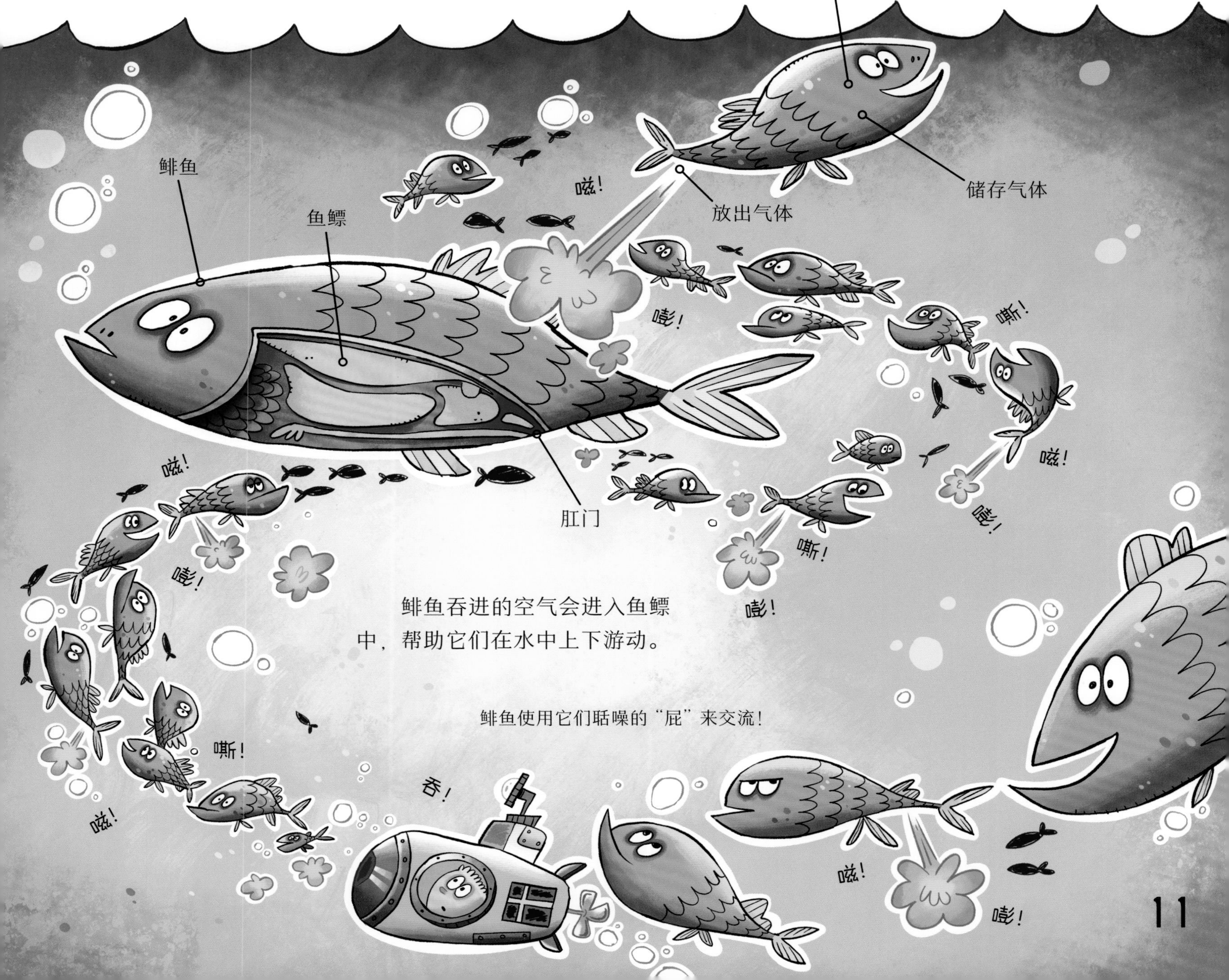

从海水中吸收氧气

鲱鱼

鱼鳔

储存气体

放出气体

嗞！

嘭！

嘶！

肛门

鲱鱼吞进的空气会进入鱼鳔中，帮助它们在水中上下游动。

鲱鱼使用它们聒噪的“屁”来交流！

吞！

什么是温室气体？

如果没有温室气体，地球将会十分寒冷，温度将降低至零下 19 摄氏度。大气层中的温室气体捕获太阳的热量，使地球保持适宜温度。但是过多的温室气体会导致气温升高，这种现象被称为温室效应。

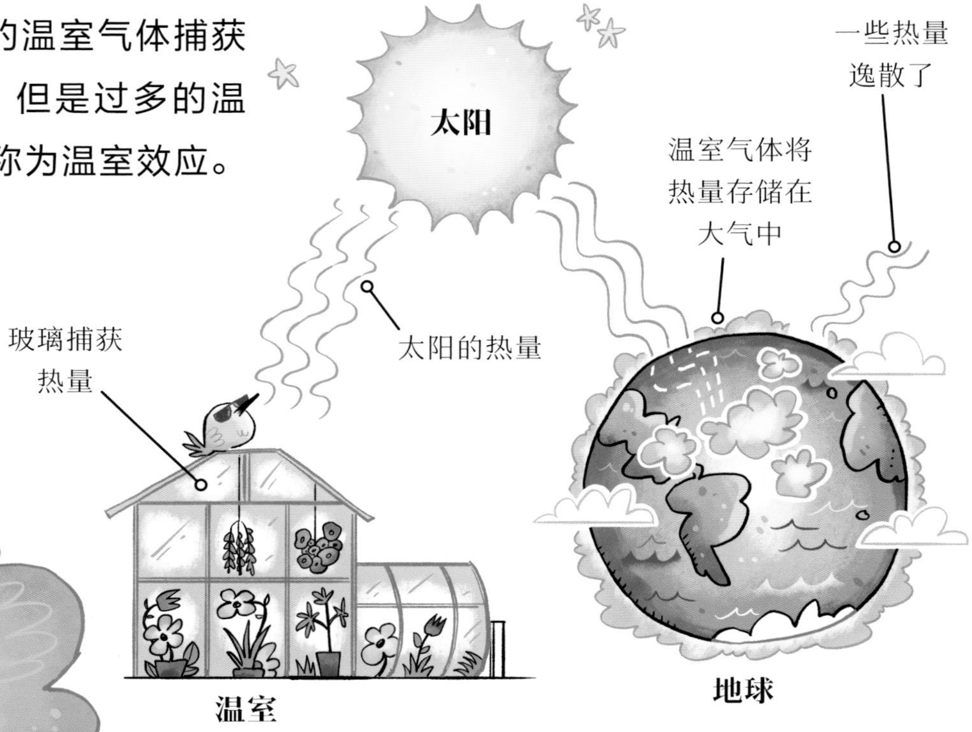

太阳

一些热量逸散了

温室气体将热量存储在大气中

玻璃捕获热量

太阳的热量

温室

地球

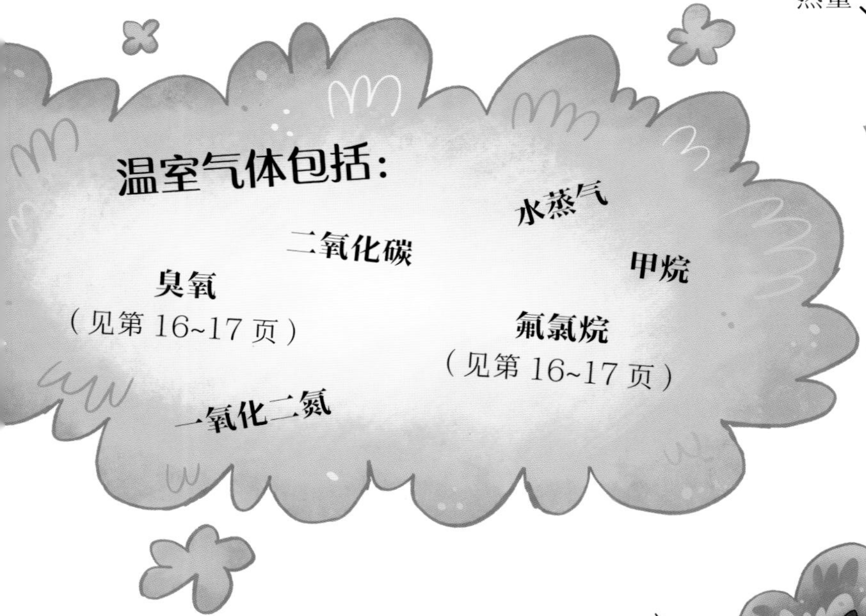

温室气体包括：

水蒸气

二氧化碳

甲烷

臭氧
（见第 16~17 页）

氟氯烷
（见第 16~17 页）

一氧化二氮

大多数温室气体是大自然中本身就存在的。

几乎所有生物都会呼出二氧化碳。

湿地中腐烂的植物可以释放甲烷，牛打嗝也会释放甲烷（见第 18~19 页）。

甲烷可以在大气中停留 **8 年**，通过化学反应被转化为二氧化碳和水。在此期间，甲烷能捕获大量的热量，它的温室效应比二氧化碳强 **28 倍**。

有些二氧化碳会存留在大气中很长时间，持续吸收热量长达 100~1 000 年之久！

40% 的二氧化碳存留在大气中

人类制造了超过地球所需的二氧化碳和甲烷。我们正在使地球变得过热。那么我们该怎样利用和处理这些气体呢？

充满气体的家

我们在家中每天都会使用各种气体，但却看不到它们的身影。它们藏在哪里呢？

当水沸腾时，就会产生蒸汽。蒸汽又称**水蒸气**（见第12页）。

北美近一半的电力来源于**天然气**。天然气有时是危险的，但我们看不见也闻不到它。一些国家在其中添加了类似臭鸡蛋的臭味，这样如果有泄漏，人们就能发现了！

天然气主要由**甲烷**组成。甲烷易燃，因此非常适合用于烹饪和取暖。

天然气是一种在地下深处发现的化石燃料。它来源于数百万年前死亡的植物和动物。输气管道把它输送到我们的厨房。

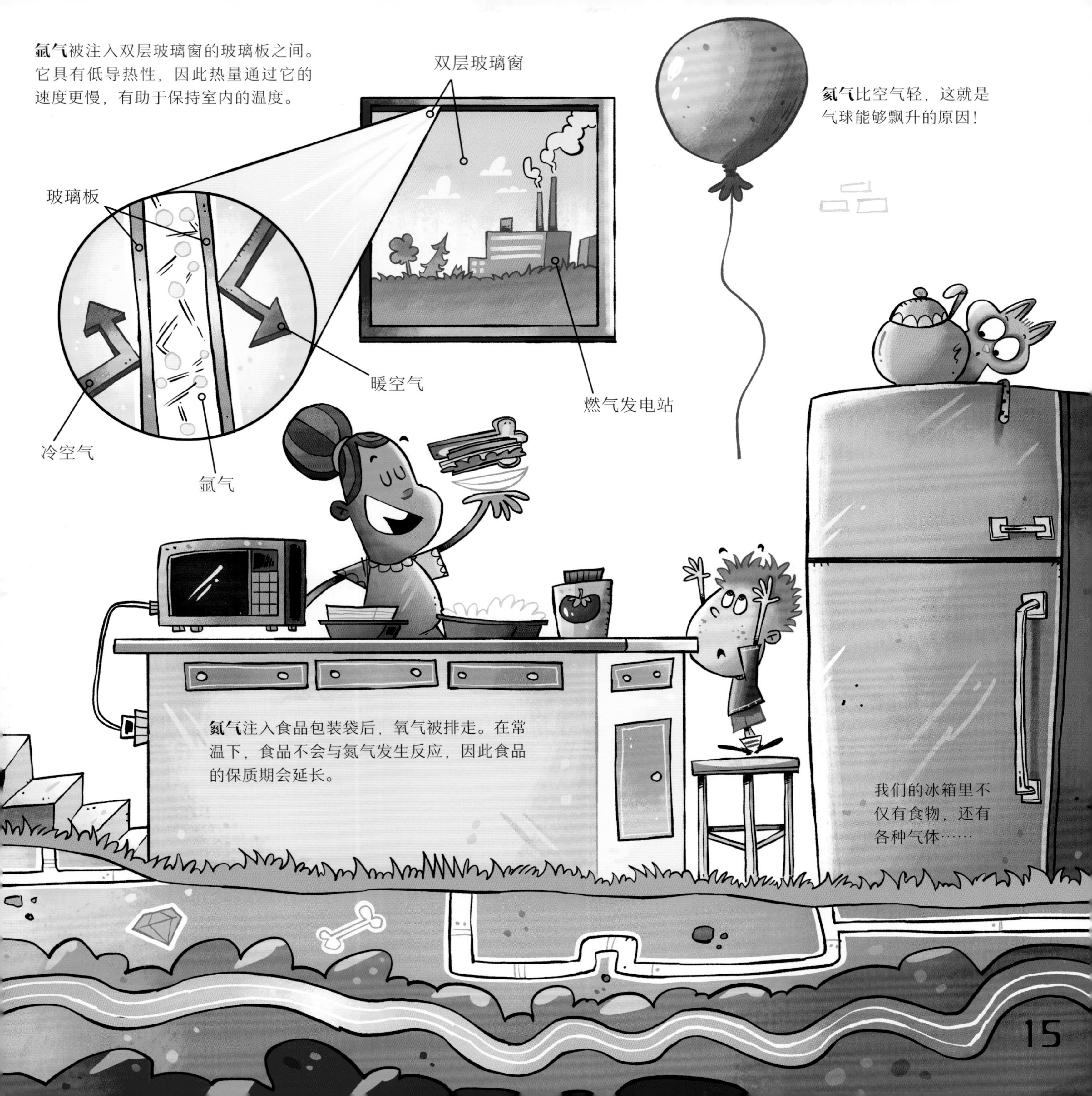
氩气被注入双层玻璃窗的玻璃板之间。它具有低导热性，因此热量通过它的速度更慢，有助于保持室内的温度。
双层玻璃窗
玻璃板
暖空气
冷空气
氩气
燃气发电站
氦气比空气轻，这就是气球能够飘升的原因！
氮气注入食品包装袋后，氧气被排走。在常温下，食品不会与氮气发生反应，因此食品的保质期会延长。
我们的冰箱里不仅有食物，还有各种气体……

冰箱里有什么气体？

氟氯烷是一种人造气体，曾被用来使家用冰箱保持低温。这种气体稳定性强，也不易燃烧，看起来很安全！

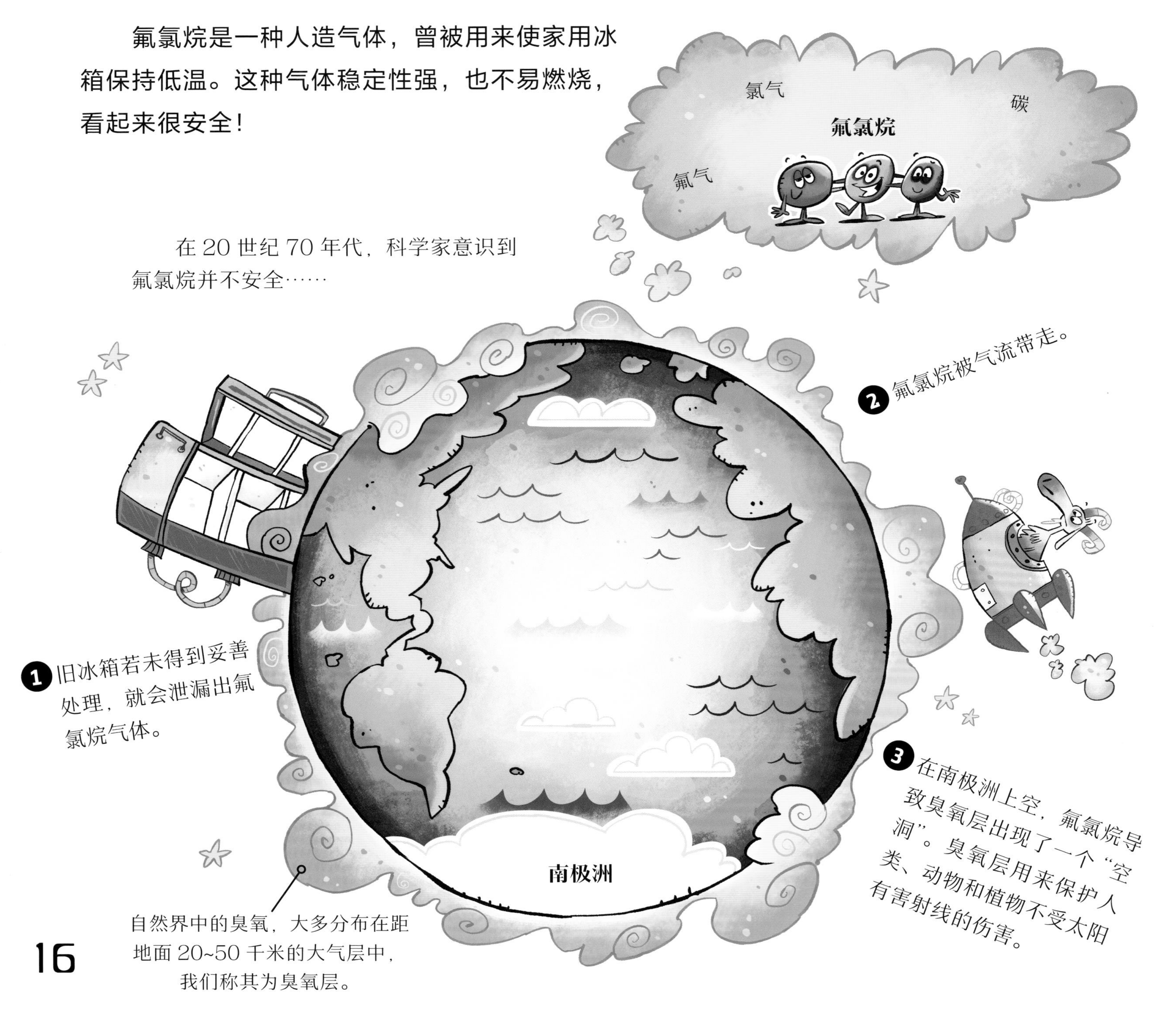

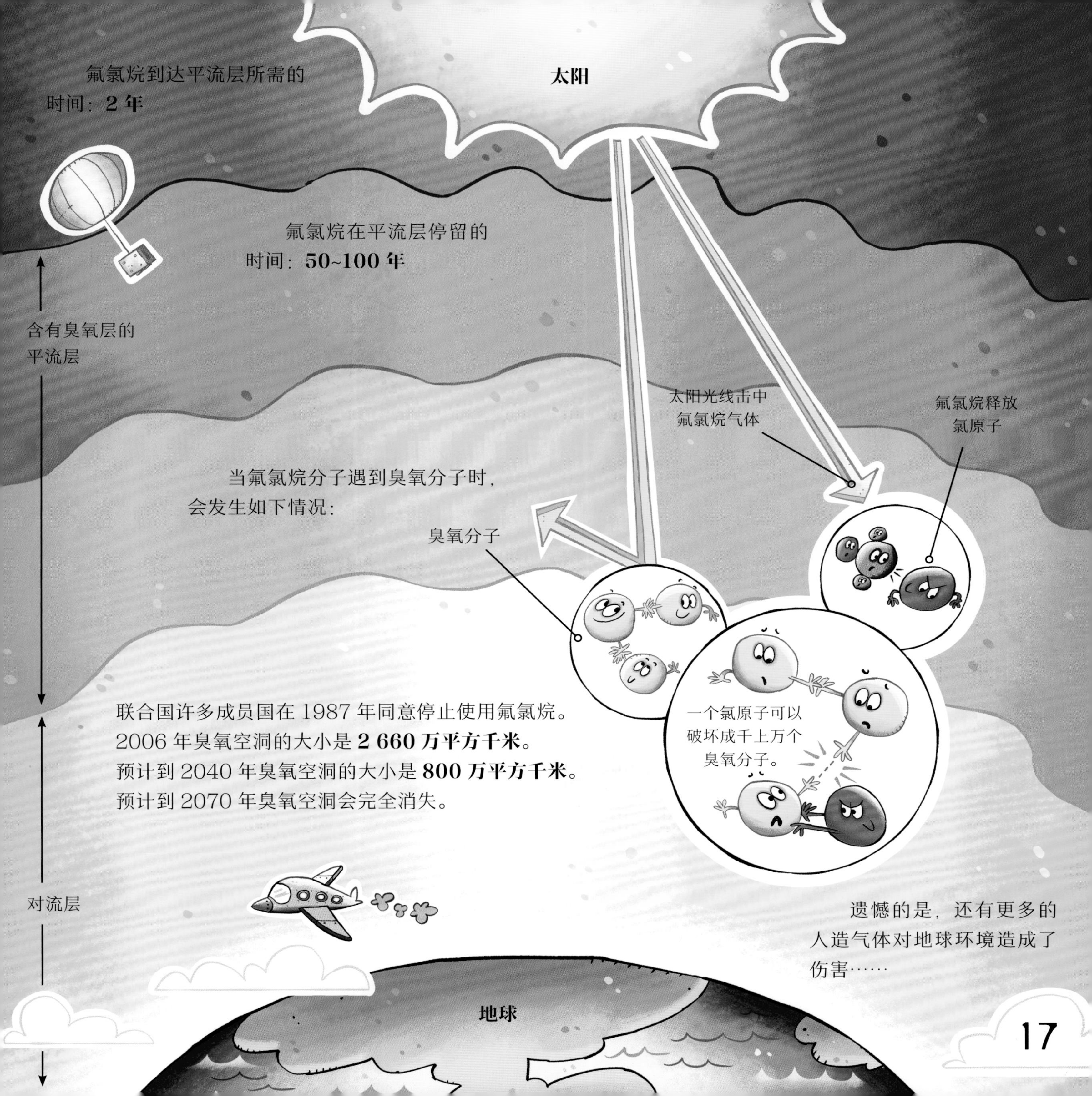

太阳
氟氯烷到达平流层所需的
时间：**2 年**
氟氯烷在平流层停留的
时间：**50~100 年**
含有臭氧层的
平流层
太阳光线击中
氟氯烷气体
氟氯烷释放
氯原子
当氟氯烷分子遇到臭氧分子时，
会发生如下情况：
臭氧分子
一个氯原子可以
破坏成千上万个
臭氧分子。
联合国许多成员国在 1987 年同意停止使用氟氯烷。
2006 年臭氧空洞的大小是**2 660 万平方千米。**
预计到 2040 年臭氧空洞的大小是**800 万平方千米。**
预计到 2070 年臭氧空洞会完全消失。
对流层
遗憾的是，还有更多的
人造气体对地球环境造成了
伤害……
地球

奶牛打嗝带来的麻烦

我们已经知道了有关放屁的趣味知识（见第 4~11 页），现在一起来了解打嗝的有趣知识吧。奶牛打嗝很频繁，每 90 秒就会打一次嗝！它们通过打嗝排出的气体比放屁排出的要多得多。

打嗝的原因

奶牛需要消化草类和谷物这些难消化的食物。它有四个胃，打嗝就是从它的第一个胃——瘤胃开始的。

瘤胃中的微生物将食物分解，奶牛吸收它需要的成分。微生物在分解食物时，会产生甲烷等气体。当这些气体累积到一定数量时，奶牛就会通过打嗝将这些气体释放出来。

打嗝的危害

奶牛打的嗝里含有甲烷和二氧化碳气体，这些温室气体对地球环境有危害（见第 12~13 页）。

甲烷减排

科学家针对甲烷减排提出了一些有趣的想法。

打嗝捕捉器

这种专门为奶牛设计的打嗝捕捉器面罩能够将甲烷排放量降低至**53%**！它能够捕捉牛打嗝时排放出的甲烷，并将其转换成危害性相对小一些的二氧化碳。它甚至可以连接到手机上，工作人员可以获得每头奶牛的相关资料。

大蒜和海藻

科学家尝试在奶牛饲料中加入海藻、大蒜和柑橘皮，结果甲烷排放量最高减少了**70%**。起初奶牛不喜欢海藻的味道，因此它们的产奶量减少了。在饲料中加入大蒜和柑橘皮后，它们的产奶量增加了，而且被苍蝇骚扰的情况也减少了！

科学家必须确保添加的大蒜和柑橘皮不会改变牛奶原本的味道。

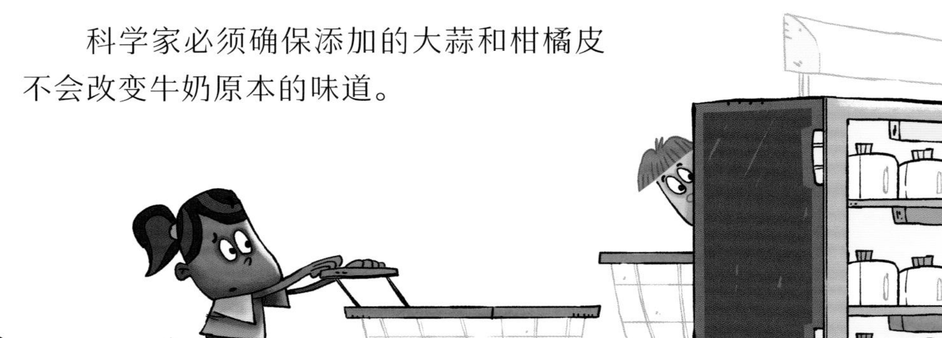

消除甲烷的细菌

全世界有一半的人每天吃米饭。

在稻田里，土壤中生长的细菌排放出大量的甲烷。科学家希望向湿软的土壤中注入一种特别的细菌——电缆细菌，来降低甲烷排放量。这可能会使甲烷的排放量减少超过 **90%**！

电缆细菌将产生甲烷的细菌变成无害的。

交通工具和气体污染

我们乘坐各种交通工具去上学、购物和旅行。但遗憾的是，目前我们使用的许多交通工具都给环境带来了较严重的污染。

地面尾气

道路上行驶的大部分车辆通过燃烧化石燃料加工后的产品——汽油或柴油来工作。在这个过程中，车辆排放出以下气体：

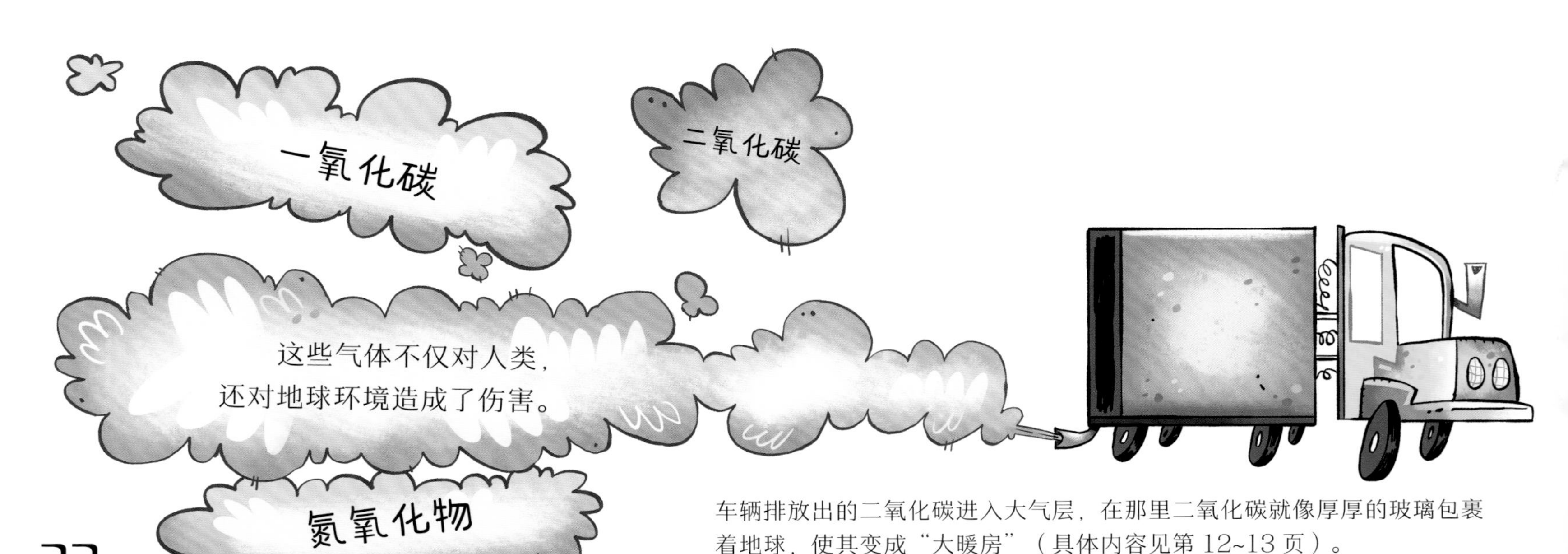

车辆排放出的二氧化碳进入大气层，在那里二氧化碳就像厚厚的玻璃包裹着地球，使其变成“大暖房”（具体内容见第 12~13 页）。

空中尾气

飞机每小时排放的废气是公共汽车或火车的 **100 倍**。它们的尾气由含有以下气体的水蒸气形成：

燃料解决方案

大多数国家认为，不排放废气的充电式电动车能有效解决温室气体排放问题。

预计到 **2050 年**，印度销售的大部分新车将会是电动车。

只要电动车使用的是可再生电能充电，其洁净度会比排放废气的燃油汽车高 90%。

在瑞典，人们通常选择在夜间给电动车充电，那时风力最强，以此来利用可再生能源。

飞翔的香蕉

科学家用氙气灯的闪光将香蕉皮粉转化为氢气及可以用作肥料的固体生物碳。这个过程只用了十几毫秒！

1 千克干香蕉皮可以制造出
100 升氢气。

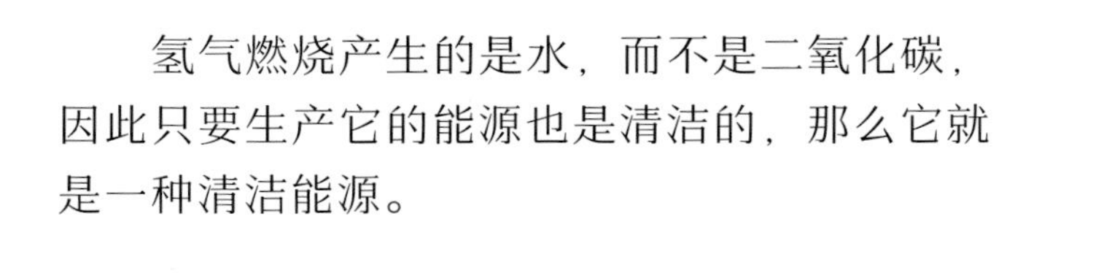

氢气燃烧产生的是水，而不是二氧化碳，因此只要生产它的能源也是清洁的，那么它就是一种清洁能源。

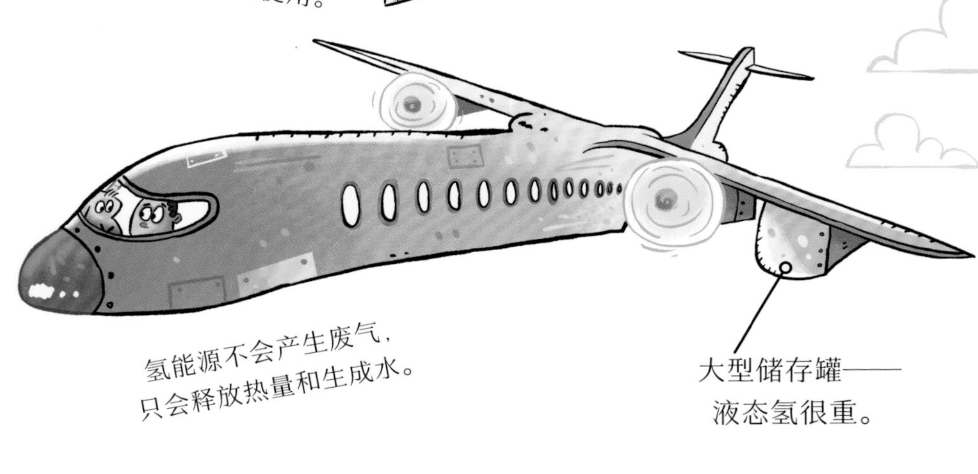

自行车仍然是最好的选择！

氢气没有气味，但请捏住鼻子，因为下一页的气体可臭了！

美妙的臭味

煤燃烧、汽车和炼油厂都排放出一种气体，我们也会使用这种气体来处理一些食物。这种气体能让屁变臭，它就是二氧化硫（见第 7 页），它还有助于延长葡萄干、糖和软饮料的保质期。

这饮料会臭吗？

毒物与臭气

在印度尼西亚爪哇岛的卡瓦伊真火山上，人们仍然冒着生命危险，手工开采固态硫黄。

火山岩石裂缝中喷出散发着恶臭的有毒气体——二氧化硫和硫化氢。

矿工们将块状的硫黄搬运走。之后从这些硫黄中获取二氧化硫，用于生产白砂糖。

固态硫黄

含硫气体

液态硫黄

蓝色火焰

当含硫气体喷出并接触到空气中的氧气时，有些会燃烧，并呈现出微弱的淡蓝色火焰；有些冷却后会变成红色的液体，然后凝固成黄色的岩石——硫黄。

夜晚，尽管山上有刺鼻的臭味，但游客们
仍会前来欣赏这座美丽山峰上的蓝色火焰！
硫化氢闻起来像
臭鸡蛋味。
二氧化硫闻起来像烧过的
火柴味。
哇！
哦！
哎哟！
空气中的气
体还能产生其他
颜色……

高空迪斯科

地面上的气体升入大气层。有时我们可以看到它们发出绿色、红色、粉色或蓝色的光芒。它们横跨夜空数百千米。在北极被称为北极光，在南极被称为南极光。

地球被磁场保护着。当太阳风中的带电粒子进入地球磁场时，这些粒子会被地球磁场吸引到南极或北极。

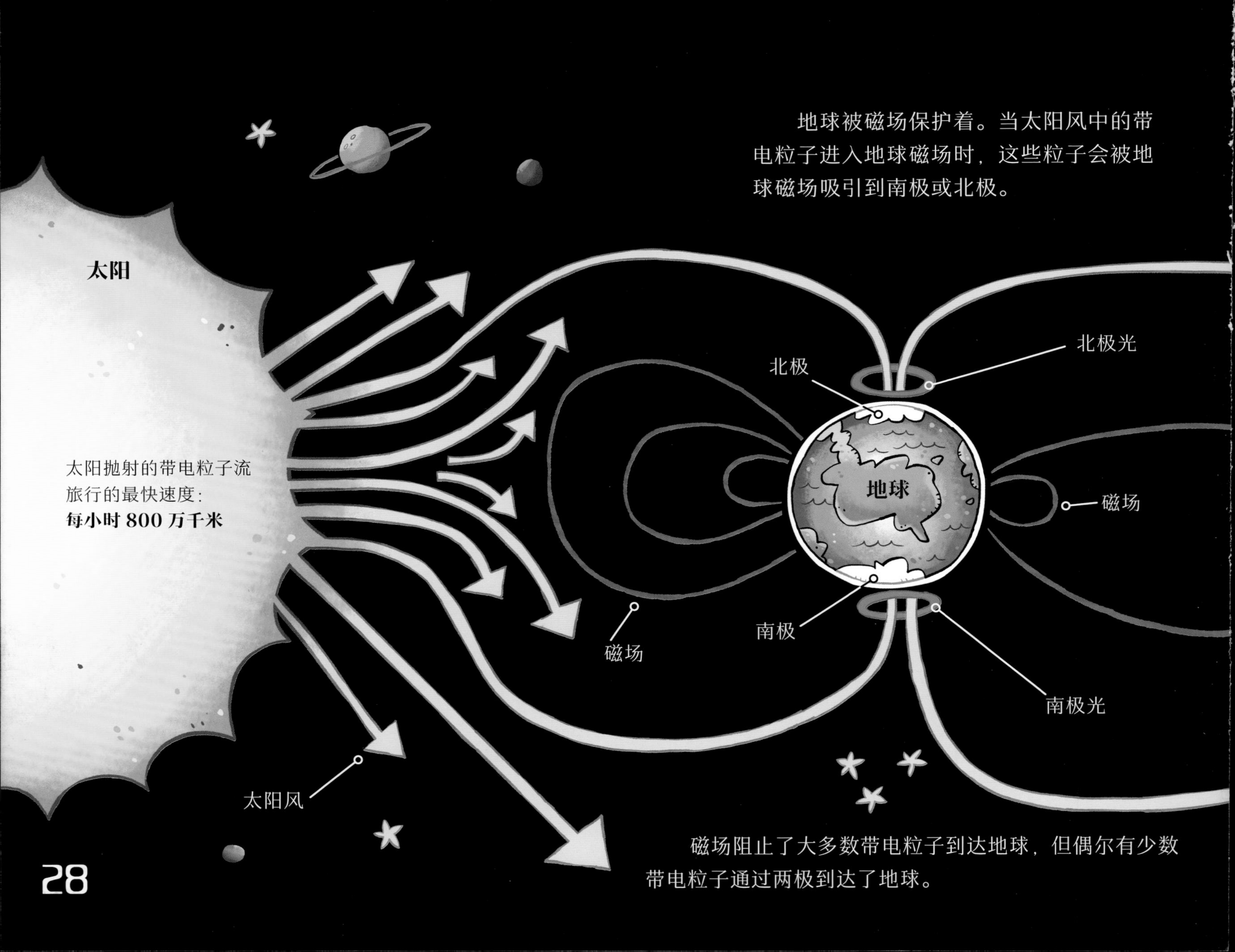

磁场阻止了大多数带电粒子到达地球，但偶尔有少数带电粒子通过两极到达了地球。

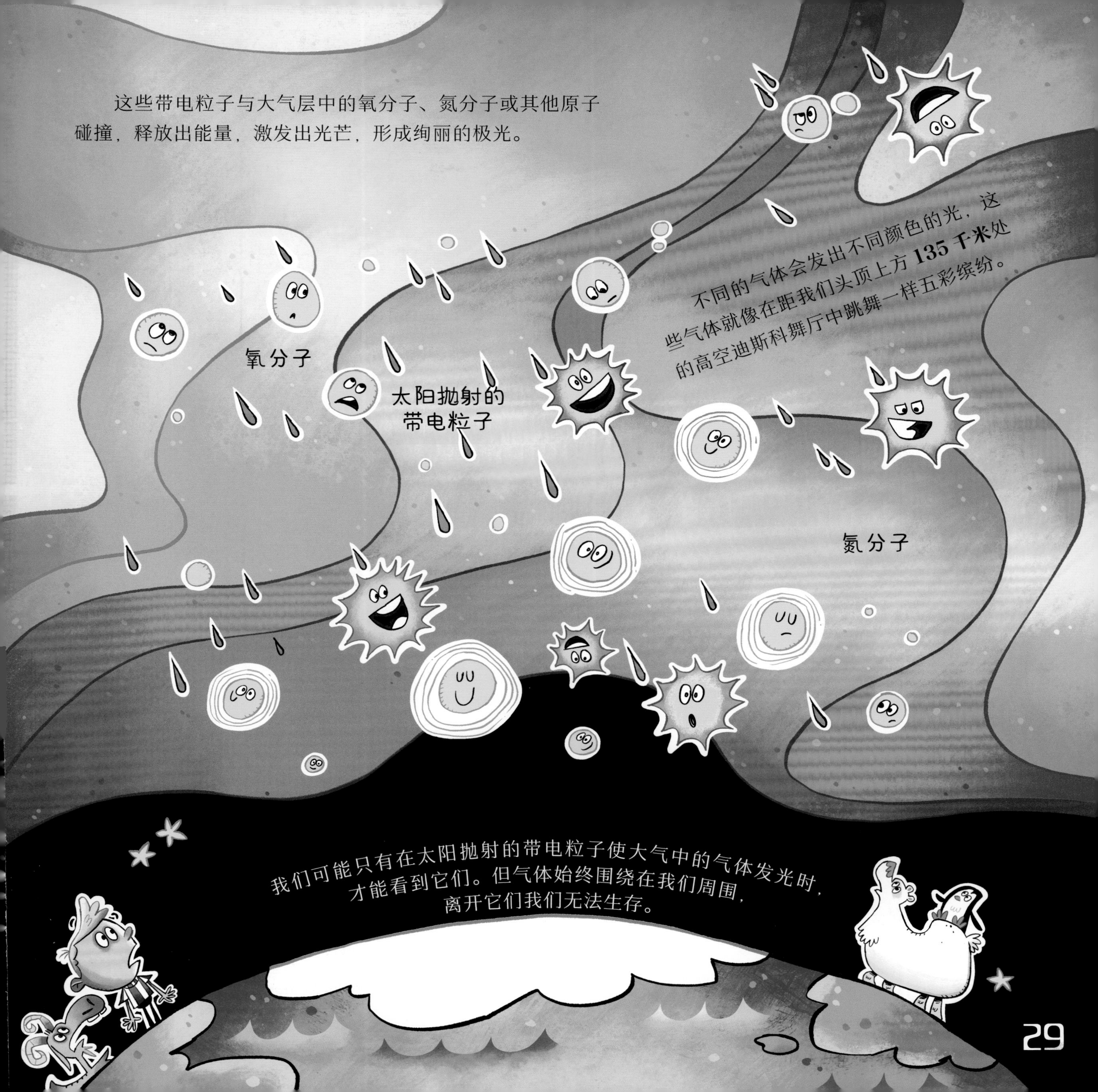
这些带电粒子与大气层中的氧分子、氮分子或其他原子碰撞，释放出能量，激发出光芒，形成绚丽的极光。
氧分子
太阳抛射的带电粒子
不同的气体会发出不同颜色的光，这些气体就像在距我们头顶上方 **135 千米**处的高空迪斯科舞厅中跳舞一样五彩缤纷。
氮分子
我们可能只有在太阳抛射的带电粒子使大气中的气体发光时，才能看到它们。但气体始终围绕在我们周围，离开它们我们无法生存。

术语表

气体：没有一定的形状和体积，可以流动的物体。在常温下，氧气、甲烷、二氧化碳等都是气体。

氮气：在空气中约占 78%，在常温下无色无味，不易与其他物质发生化学反应。

氧气：在空气中约占 21%，是人和动植物呼吸所需的气体。在常温下，无色无味，能助燃，化学性质活泼。

硫化氢：无色有剧毒的酸性气体，低浓度时具有强烈的臭鸡蛋味，浓度极低时有硫黄味，高浓度时无明显气味。

二氧化碳：常温下无色无味，是主要的温室气体之一。绿色植物进行光合作用时吸入二氧化碳，放出氧气；动植物和人类呼吸时吸入氧气，放出二氧化碳。

氢气：是已知密度最小的气体，可作为飞艇、氢气球等的填充气体，其燃烧产物只有水，是一种理想的清洁能源。

蛋白质：由多种氨基酸结合而成的有机高分子化合物，是构成细胞的基本有机物，是生命的物质基础，种类很多。

结肠：大肠的中段，位于盲肠与直肠之间，由升结肠、横结肠、降结肠和乙状结肠四个部分组成。

温室气体：大气中吸收地面反射的长波辐射，并重新发射辐射的一些气体，它们使地球表面变得更温暖。水蒸气、二氧化碳等都是温室气体。

氟氯烷：通常用作制冷剂，对大气臭氧层有破坏作用。国际上已规定控制并逐渐停止氟氯烷的生产和使用。

氩气：大气中含量最多的稀有气体，用于灯泡充气和电弧焊接不锈钢、镁、铝等的保护气体。

氦气：稀有气体的一种，主要用作保护气体、气冷式核反应堆的工作流体和超低温冷冻剂。

臭氧层：大气层的平流层中臭氧浓度最高的一层，距地面 20~30 千米。太阳射向地球的紫外线大多被臭氧层吸收。